Fatine Slaoui

# Gestion de l'eau d'irrigation au Sud Atlas du Maroc

Fatine Slaoui

# Gestion de l'eau d'irrigation au Sud Atlas du Maroc

Concurrence autour d'une eau rare et perspective de
maintien de l'espace oasien dans la vallée de Draa

Presses Académiques Francophones

**Impressum / Mentions légales**

Bibliografische Information der Deutschen Nationalbibliothek: Die Deutsche Nationalbibliothek verzeichnet diese Publikation in der Deutschen Nationalbibliografie; detaillierte bibliografische Daten sind im Internet über http://dnb.d-nb.de abrufbar.

Alle in diesem Buch genannten Marken und Produktnamen unterliegen warenzeichen-, marken- oder patentrechtlichem Schutz bzw. sind Warenzeichen oder eingetragene Warenzeichen der jeweiligen Inhaber. Die Wiedergabe von Marken, Produktnamen, Gebrauchsnamen, Handelsnamen, Warenbezeichnungen u.s.w. in diesem Werk berechtigt auch ohne besondere Kennzeichnung nicht zu der Annahme, dass solche Namen im Sinne der Warenzeichen- und Markenschutzgesetzgebung als frei zu betrachten wären und daher von jedermann benutzt werden dürften.

Information bibliographique publiée par la Deutsche Nationalbibliothek: La Deutsche Nationalbibliothek inscrit cette publication à la Deutsche Nationalbibliografie; des données bibliographiques détaillées sont disponibles sur internet à l'adresse http://dnb.d-nb.de.

Toutes marques et noms de produits mentionnés dans ce livre demeurent sous la protection des marques, des marques déposées et des brevets, et sont des marques ou des marques déposées de leurs détenteurs respectifs. L'utilisation des marques, noms de produits, noms communs, noms commerciaux, descriptions de produits, etc, même sans qu'ils soient mentionnés de façon particulière dans ce livre ne signifie en aucune façon que ces noms peuvent être utilisés sans restriction à l'égard de la législation pour la protection des marques et des marques déposées et pourraient donc être utilisés par quiconque.

Coverbild / Photo de couverture: www.ingimage.com

Verlag / Editeur:
Presses Académiques Francophones
ist ein Imprint der / est une marque déposée de
AV Akademikerverlag GmbH & Co. KG
Heinrich-Böcking-Str. 6-8, 66121 Saarbrücken, Deutschland / Allemagne
Email: info@presses-academiques.com

Herstellung: siehe letzte Seite /
Impression: voir la dernière page
ISBN: 978-3-8381-7873-8

# Gestion de l'eau d'irrigation dans le bassin versant de Draa, région du Sud Atlas du Maroc

Mémoire dirigé par: **Mr. Ronald JAUBERT**

Membre du Jury: **Liliane Ortega**

Présenté en vue de l'obtention du diplôme de Master en études du développement
par: **Fatine SLAOUI**

**Genève 2009**

# Gestion de l'eau d'irrigation dans le bassin versant de Draa, région du Sud Atlas du Maroc :

Concurrence autour d'une eau rare et perspective de maintien de l'espace oasien dans la vallée de Draa

**Remerciements**

**Par le présent travail qui sanctionne la fin de mes études à l'IHEID, je tiens à remercier:**

Mr. Ronald Jaubert qui a accepté de diriger ce travail, ainsi que pour tous ses précieux conseils et orientations qui m'ont permis de faire de ce mémoire une continuité de ma formation de base et de mes attentes professionnelles.

Mme. Liliane Ortega pour sa participation en tant que membre de Jury.

Tout le personnel de la bibliothèque Nationale de Rabat pour m'avoir beaucoup aidé dans mes recherches.

Mon Mari Anwar Tatsumi qui m'a beaucoup soutenu pour finir ma formation de maitrise.

Ma famille au Maroc qui n'a jamais cessé de me supporter dans mes choix et particulièrement ma maman Assia.

Tous les collègues de classe et aussi voisins de Cité qui m'ont été d'une grande aide lors de mon congé maternité au début de cette formation.

La direction et le service étudiant de l'Institut pour avoir été toujours à l'écoute.

Ma formidable petite fille Aya qui aura deux ans à la fin de mes études à l'IHEID.

Je leur rends à toutes et à tous un grand hommage pour m'avoir aidé à accomplir ce travail.

**Sommaire**

## I.   Introduction

Depuis l'antiquité, la gestion de l'eau a toujours été un facteur clé dans le développement des civilisations méditerranéennes compte tenu des caractéristiques du climat aride notamment dans la région transsaharienne en Afrique du Nord (Plantey, 1999). Et pour faire face à la pénurie d'eau, ils ont déployé les moyens les plus sophistiqués de l'époque pour la mobilisation de l'eau (canalisations, aqueducs, bassins de récolte d'eau etc.).

Aujourd'hui aussi la plupart des Etats de la région disposent de plusieurs équipements hydrauliques (le stockage, le transfert, la desserte en eau des zones urbaines et agricoles) dont certains ne tiennent pas compte des évolutions progressives et des ajustements techniques nécessaires pour faire face à la rareté de l'eau.

La région orientale du Maroc en fait partie : elle est l'une des régions où la rareté de l'eau pose de sérieux problèmes pour l'amélioration du niveau de vie de manière globale dans les communes rurales et particulièrement dans les bassins versants du Sud Atlas.

En effet, la planification régionale mise en place ces dix dernières années par le gouvernement marocain a montré un bilan déficitaire entre les ressources et besoins en eau au niveau de la ceinture Sud du pays qui relève:

- D'une part de la rareté de l'eau de surface;

- Et d'autre part des problèmes de dégradation de la qualité des ressources souterraines induites par le manque d'infrastructures d'assainissement adéquates et à une irrigation par les eaux souterraines d'une qualité médiocre non contrôlée pouvant être à l'origine d'une augmentation de la salinité des sols.

*Et compte tenu du taux de croissance démographique actuel, le ministère de l'environnement prévoit le passage des parts d'eau de 830 m3/hab./an en 1990 à 411 m3/hab./an. Par ailleurs les études de planification régionales font ressortir que les bilans déficitaires des bassins versants Sud présentent un réel obstacle à leur développement socio-économique et qu'un équilibre à moyen terme (2020) n'est faisable que par le transfert de l'eau des régions excédentaires vers les régions déficitaires (Brun & Lassere, 2006).*

Ce manque en eau est particulièrement significatif pour les régions du Maroc qui présentent un retard important en termes d'infrastructure, un faible taux de développement humain et social doublés d'un éloignement géographique du centre politique et commercial du pays, tel est le cas de la région du bassin versant de Draa que nous allons essayer de développer dans le cadre de ce travail. Il s'agit d'une région où l'agroéconomie traditionnelle irriguée représente pratiquement le seul moyen de subsistance, ce qui renforce l'importance de l'eau pour le maintien de l'équilibre des espaces oasiens (Chevassu & Georges, 1989).

Et dans le but d'améliorer la situation socio-économique de la région de Draa, l'Etat fut construire le barrage Mansour Eddahbi dès 1969 en amont et le met en service en 1972 dans le but de répondre aux objectifs suivants :

- La maitrise des crues ;

- L'approvisionnement en eau potable ;

- En priorité, la distribution plus ou moins égale des eaux destinées à l'irrigation entre l'amont et l'aval tout en respectant la norme déterminée[1] par l'étude de

---

[1] Il s'agit d'une modulation mensuelle des eaux d'irrigation qui consiste à relâcher chaque mois 8% des eaux stockées par le barrage, sinon 9 à 10% durant les mois de Mars, Avril et Octobre.

planification, ainsi rompre avec la règle[2] du système traditionnel de distribution des eaux de surface.

Aujourd'hui le rythme avec lequel sont régulées les eaux du barrage et le désengagement de l'Etat progressif du secteur agricole sont en contradiction avec l'objectif principal de la construction du barrage Mansour Eddahbi, celui d'assurer au mieux l'irrigation de tous les secteurs hydrauliques au niveau du Moyen Draa. Ce qui peut être expliqué par les ambitions grandissantes de l'Etat quand au développement des secteurs économiquement rentables, comme le tourisme et l'industrie dans les régions de grandes potentialités en eau notamment au niveau du Haut Draa (amont).

Donc comment les petits et moyens paysans gèrent-ils une telle situation? Quel équilibre hydrique attendu dans le cadre de l'actuelle stratégie de développement du tourisme ? Quelles alternatives au désengagement de l'Etat dans le secteur agricole ?

**Et vu son importance pour le maintien des espaces oasiens, ainsi sa priorité par rapport aux autres secteurs économiques[3], l'irrigation sera considérée comme l'axe principal de compréhension des politiques de régulation des eaux du barrage par les institutions de l'Etat (O.R.M.V.A) et de son évolution par rapport aux besoins des autres secteurs usagers de l'eau (l'industrie électrique (ONE), le tourisme.. etc).**

## II.    Méthode

Pour essayer de mettre en évidence le paradoxe évoqué dans **la question ci-dessus mentionnée**, on s'est fixé les objectifs spécifiques suivants:

1. De mieux comprendre **le rôle de l'évolution des facteurs climatiques** (pluviométrie, évaporation….etc) et des techniques locales des *séguias* pour faire face à la rareté de l'eau.

---

[2] Priorité de l'amont sur l'aval
[3] On rappelle à nouveau que l'irrigation a été considéré comme prioritaire dans l'étude de planification, de la régulation des eaux du barrage Mansour Eddahbi, qui précédait sa mise en service en 1972.

2. De mieux comprendre **les politiques de régulation de l'eau de surface** destinée à l'irrigation du Moyen Draa à travers l'analyse du **calendrier hydrologique du barrage Mansour Eddahbi** en tant que principale ressource d'eau de surface pour l'aval.

3. De mieux comprendre **l'intensité d'exploitation des eaux souterraines,** au niveau des différents sous bassins de la vallée, considérées normalement comme une ressource complémentaire à l'eau de surface.

4. Enfin **d'évaluer les indicateurs de rareté et/ou de disponibilité en eau** dans la région via le rythme d'urbanisation, le flux migratoire et le développement de certains secteurs économiques au niveau des deux provinces de Zagora et d'Ouarzazate.

Notre analyse sera essentiellement basée sur des ressources secondaires comprenant: des ouvrages; des articles recueillies sur place (au Maroc); des résultats de recherches réalisés entre 1996 et 2007, notamment celles fournies récemment par le projet de recherche IMPETUS[4] décrit ci-dessus. Certains détails ont été complétés par des interviews avec des personnes qui connaissaient bien la région d'étude.

## III. Contexte physique et socio-économique du bassin versant de Draa

### A. Les sous bassins versants de la vallée de Draa

Le périmètre étudié est représenté par le haut et Moyen Draa qui est indiqué en rouge sur la **Figure 1**.

---

[4] Le **projet IMPETUS** est un projet de coopération dans le domaine de la recherche appliquée entre plusieurs institutions académiques et administratives du Maroc et de l'Allemagne. Financé par le ministère de l'Education de la fédération allemande et qui au bout de sept ans de recherche 2000-07 a pu fournir plusieurs éléments scientifiques et des données cartographiques de qualité qui ont été révisé et accordé par les différents acteurs et scientifiques des deux pays.

La cartographie du projet a pu mettre au clair certains éléments liés à la gestion de l'eau notamment durant l'année 1996 et dont les données ont été fournies par les différents ministères concernés. Comme il a pu apporter un certains nombres de données nouvelles. Ce qui nous a beaucoup aidés à atteindre certains objectifs de notre problématique remplaçant ainsi plusieurs observations de terrain que nous n'avons pas eu les moyens de faire.

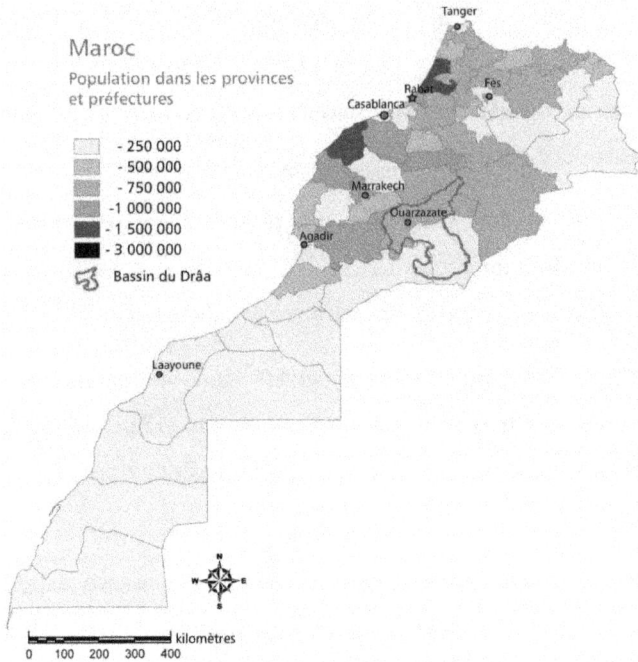

**Figure 1: Contexte administratif du bassin versant de Draa,** *Source: (Kirscht & Schulz, 2000-07), 6p*

Il correspond à une superficie de 29500 km2 dont 15200 km2 sont drainés en amont par l'Oued Dadès à l'Est et l'Oued de Ouarzazate à l'Ouest. Mais l'aval détient la majorité des espaces irrigués, dont la totalité correspond à 3% de terres cultivables au niveau de toute la vallée de Draa, qui sont contenus au niveau de six palmeraies au niveau du Moyen Draa.

Sur le plan administratif, la vallée appartient aux deux provinces Ouarzazate et Zagora et qui comptent respectivement 496536 et 283070 habitants. La province d'Ouarzazate domine la partie amont de la vallée avec quatre centres urbains tandis que l'aval comprend un centre urbain important avec six communes rurales (palmeraies) dont les principales sont: Agdez, Tinzouline, Oued Yaoub, Tagounite et M'hamid situées le long de l'Oued Draa sur une longueur de 200 km.

Selon les derniers recensements effectués par le Haut commissariat au plan en 2004, la province d'Ouarzazate comptait 24% de population urbaine contre 15% dans la province de Zagora. Ce qui indique l'importance de la population rurale au niveau des deux provinces dont la majorité travaille dans le secteur agricole[5]. Raison pour laquelle on accordera une attention particulière à la thématique agricole en générale et à l'irrigation en particulier vue son impact significatif sur les bilans hydriques et son rôle dans la préservation des palmeraies dans des conditions bioclimatiques sévères.

### B.    Les Ressources en eau

### 1.    Les eaux de surface

Dès 1972, l'Etat met en service le barrage Mansour Eddahbi doté d'une capacité totale de 560Mm3, édifié à l'intersection des plus importants affluents de la vallée: Dadès à l'Est, Ouarzazate au Nord-Ouest, Mgoun au nord-est et AitDouchen à l'Ouest dont le contrôle et la mobilisation se fait par le biais de huit stations de jaugeages au niveau de l'amont et six réservoirs de dérivation et de stockage des eaux en aval destinées en priorité à la couverture des besoins d'irrigation (**Figure 2**).

---

[5] Selon le HCP, 37% et 44% dans les deux provinces d'Ouarzazate et de Zagora.

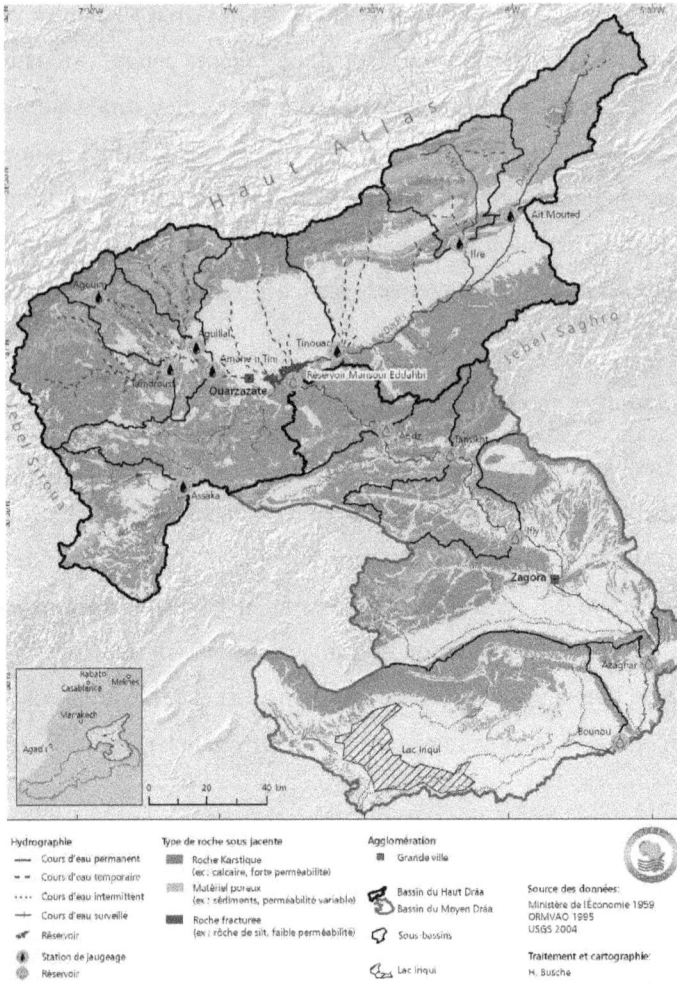

**Figure 2: Equipement hydraulique de gestion et de contrôle des eaux de surface au niveau de la vallée de Draa,** *Source: (Busche, L'hydrologie du bassin du Drâa, 2000-07), 44p*

Les usagers de l'amont restent les mieux dotés en terme des ressources d'eau pérenne (Tableau 1) des Oueds d'Ouarzazate, Dadès et M'goun puisqu'ils continuent à développer toute l'année la petite et la moyenne hydraulique par la déviation des eaux des affluents par les mêmes techniques traditionnels: les *séguias*.

| Oued | Station | Bassin km2 | Apport Mm3 |
|---|---|---|---|
| Dadès | Aït Moutade | 1525 | 105 |
| M'Goun | Ifre | 1239 | 128 |
| Dadès | Tinouar | 6680 | 242 |
| Ouarzazate | Tifoultoute | 3507 | 134 |
| Douchene | Assaka | 1387 | 13 |

Tableau 1: Apports des grands affluents du Haut Draa, *Source : www.water.gov.ma,*
*consulté le 15/06/09*

En aval[6], l'irrigation se fait par une régulation des lâchers par le barrage Mansour Eddahbi qui devrait en principe correspondre à 250 Mm3/an. En plus de cette régulation, des crues importants peuvent, rarement et aléatoirement être générés au niveau de l'Oued Draa, qui varient entre 30 et 40 Mm3/an.

A priori, l'équipement hydro-agricole, mis en œuvre pour le contrôle et la mobilisation des eaux de surface à l'échelle de l'Oued Draa, présente un pas très important pour les six palmeraies de l'aval mais à condition que la pluviométrie soit favorable et que le volume des 250 Mm3 d'eau soit régulé de manière à respecter la norme de mise en eau des différents secteurs hydrauliques. **Chose que nous allons essayer de mettre en évidence à travers la récolte de certains observations de terrain concernant le rythme des lâchers d'eau par le barrage Mansour Eddahbi durant les premières années de sa mise en service[7].**

### 2. Les eaux souterraines

**Le Haut Draa** reste le domaine de disponibilité des ressources en eau par excellence. En effet les eaux souterraines au niveau du Haut Atlas sont à l'origine de

---

[6] Source d'information: Le haut secrétariat de l'eau à Rabat.
[7] Nous revenons pour développer ce point dans le chapitre (III.B, p20)

l'écoulement des eaux du Dadès et du M'goun à l'Est du bassin amont grâce à la perméabilité des roches calcaires dans cette zone. Quant à l'Ouest du bassin amont, les roches sont imperméables d'où un écoulement aquifère souterrain mais une partie de cette eau contribue à l'écoulement superficiel intermittent de l'Oued Ouarzazate (**Figure 3**).

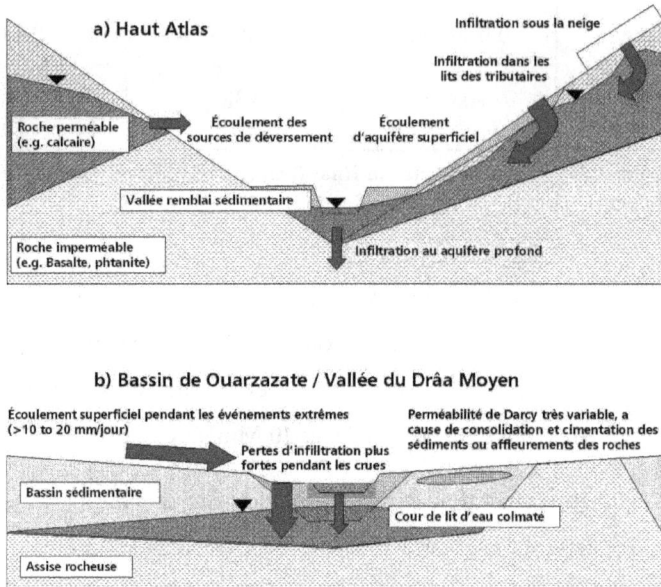

**Figure 3 Schéma du processus naturel de recharge des eaux souterraines au niveau du bassin d'Ouarzazate**, *Source: (Busche, L'hydrologie du bassin du Drâa, 2000-07), 48p*

Au niveau du **Moyen Draa**, plusieurs unités hydrographiques sont constituées par différents apports et qui représentent un potentiel important pour l'irrigation notamment dans les régions Sud du Moyen Draa (Tableau 2).

| Unité | Apports Amont (Mm³) | Apports sout. latéraux Mm³) | Apports par le Draa (Mm³) | Apports par Irrigation (Mm³) | Total (Mm³) |
|---|---|---|---|---|---|
| Mezguita | 0.3 | 4.7 | 2.3 | 4.3 | 11.6 |
| Tinzouline | 0.5 | 7.9 | 3.6 | 7.0 | 22.6 |
| Temeta | 0.6 | 4.4 | 1.6 | 10.3 | 16.9 |
| Fezouata | 0.3 | 1.5 | 2.3 | 6.7 | 10.8 |
| Ktaoua | 0.5 | 6.3 | 1.8 | 13.7 | 22.3 |
| M'Hamid | 0.6 | 3.0 | 1.6 | 3.9 | 9.1 |
| TOTAL | 2.8 | 27.8 | 13.2 | 45.9 | 93.3 |

Tableau2: Apports de nappes souterraines au niveau du Moyen Draa,
*Source : www.water.gov.ma, consulté le 15/06/09*

La carte reconstituée lors des dernières recherches 2007 menées par le projet IMPETUS (**Figure 4**) et celle de distribution des eaux souterraines au niveau national établie par le Haut secrétariat de l'eau à Rabat (**Figure 5**), convergent vers le fait qu'une disponibilité importante des eaux souterraines caractérise la partie Sud du Moyen Draa dont la recharge provient à 50% par les eaux d'irrigation (45.9 Mm3), par les petits affluents latéraux de l'Oued Draa (27.8 Mm3), les apports de l'Oued Draa même (13.2 Mm3) et enfin par le faible apport de l'amont (2.8 Mm3). Ces apports permettent de régulariser une moyenne de prélèvement de l'ordre de 40Mm3/an.

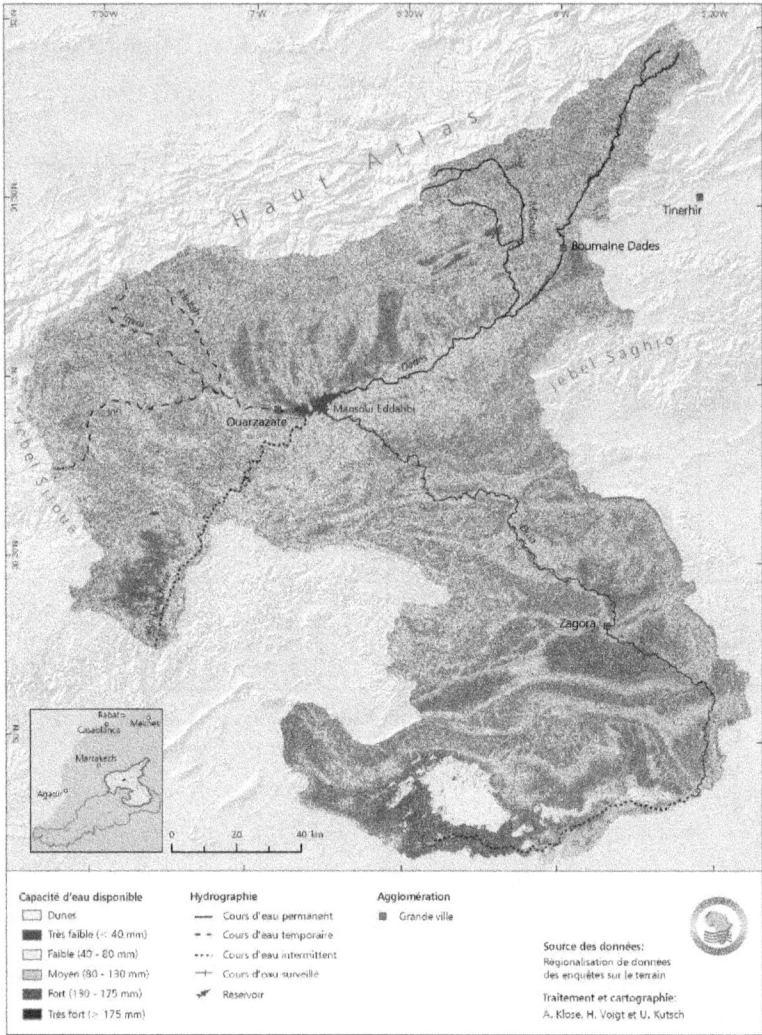

**Figure 4 Capacité des eaux disponibles au niveau du Bassin de Draa,**

*Source: (Klose, 2000-07), 36p*

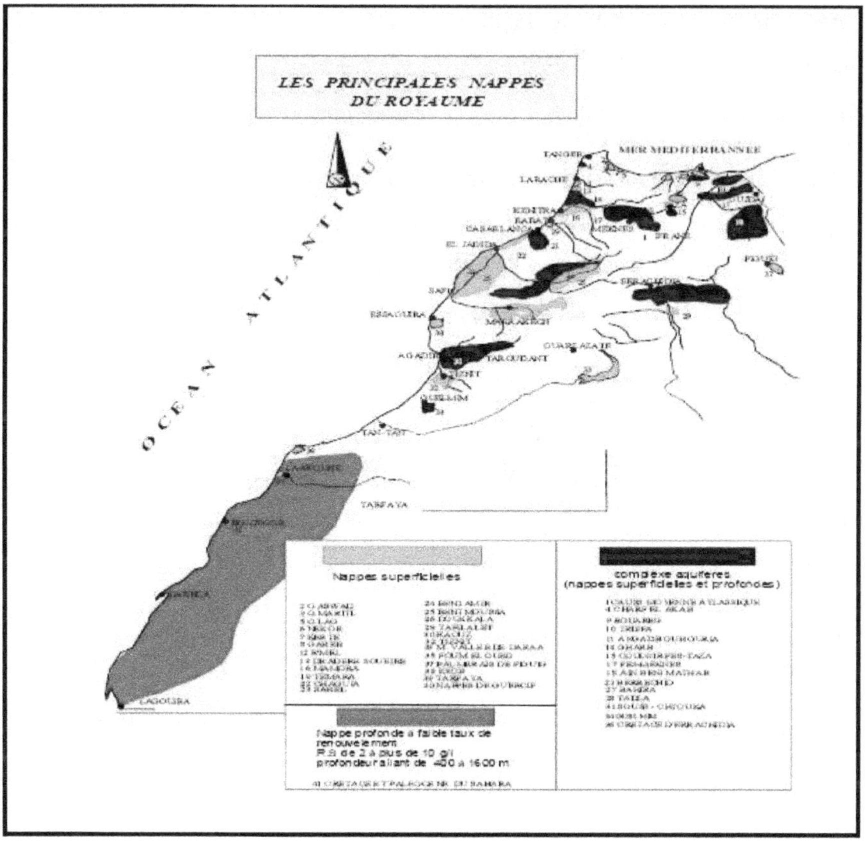

**Figure 5 La distribution des eaux souterraines au niveau national établie par le Haut secrétariat de l'eau à Rabat,** *Source: www.water.gov.ma, consulté le 25/07/09*

## C.     L'aridité du climat et la sécheresse

L'aridité est probablement l'un des facteurs climatiques les plus prépondérants dans la région qui se traduit par une diminution progressive de l'humidité du nord au Sud et d'une augmentation excessive de température avec des variations dans le temps qui peuvent être importantes: En juillet les températures moyennes enregistrées sont de 46°5C° à Zagora et 45°8 à Tagounite et en Janvier les températures moyennes peuvent tomber respectivement à 3°3 et 3°8 .

La dégradation progressive de la situation climatique du Nord au Sud se répercute également sur la situation hydrologique: *« Une similitude apparait également entre l'évolution des saisons climatologiques et hydrologiques »*.

Le double risque d'irrégularité des débits annuels et interannuels de l'Oued de Draa pose de sérieux problèmes à l'agriculture avant la construction du barrage Mansour Eddahbi. Une alternance redoutable de situations d'étiages en été et de crues en hiver qui pourrait mettre à néant les investissements culturales développés le long des berges de l'Oued.

### D.    Pluviométrie et précipitations irréguliers

Du point de vue pluviométrique, la vallée est caractérisée par une forte irrégularité annuelle et saisonnière souvent marquée par des longues périodes de sécheresse pouvant durer quelques mois jusqu'à plusieurs années (**Figure 6**).

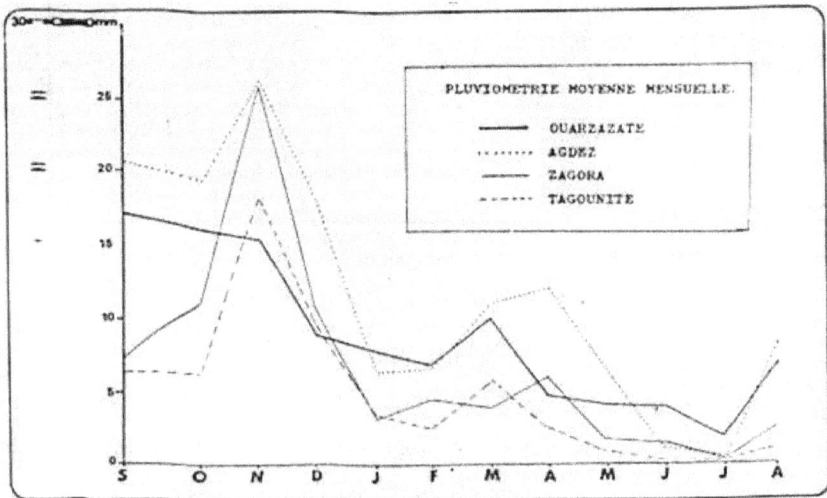

**Figure 6 Pluviométrie mensuelle au niveau de 4 stations de la vallée de Draa,** *Source:(Ouhajou, 1996), 23p*

Les extrêmes de pluviométrie varient de 1 à 25 jours annuellement, ainsi qu'une pluviosité pouvant varier entre 1 à 6 ans.

En effet l'étude des précipitations[8] de la zone Sud Atlasique entre 1900-2000, a révélé de fortes variabilités interannuelles et décennales: On a noté de faibles précipitations dès l'année 1970 jusqu'au début des années 90, mais avec quelques années humides au cours de la fin des années 90.

Ces paramètres climatiques apporteront évidement une meilleur compréhension du fonctionnement de l'avant et l'après l'édification du barrage Mansour Eddahbi, ainsi comprendre son rôle, en tant que premier système de distribution et de stockage des eaux de surface à l'échelle de la vallée de Draa, dans l'amélioration du partage de l'eau d'irrigation surtout durant les périodes de pénuries.

### E.    Evaporation

La région connait des périodes beaucoup plus secs qu'humides avec des vents appelés (Chergui) qui soufflent en été chargés de sables menaçant les palmeraies du Sud où l'évaporation peut atteindre dans certaines stations une moyenne de 2900 mm/an. Ce qui souvent dépasse la pluviométrie annuelle dans les zones dénudés affectant ainsi gravement l'agriculture et met ainsi en parallèle deux type de climat au niveau de la vallée:

- D'une part un climat extrêmement aride dans les zones dépourvues de plantations;

- Et d'autre part un climat relativement humide dans les palmeraies et qui concerne 3% de la superficie totale avec par conséquent une forte concentration de la population et de **l'activité agricole oasienne dont les principaux caractéristiques sont**:

    **1.** La surexposition des cultures en trois strates (le palmier, le verger et les cultures au sol); **2.** L'accumulation de deux ou trois campagnes

---

[8] Knippertz, P. (2003): Tropical–extra tropical inter-actions causing precipitation in Northwest Africa: Statistical analysis and seasonal variations. Cette ressource a été complétée par les données de la direction de la Météorologie Nationale au Maroc pour la période de 1980-90

agricoles en une seule année, quand les disponibilités en eau le permettent; **3.** La pratique d'un élevage tabulaire dont le cheptel est composé d'animaux de trait et d'un petit bétail ovin; **4.** Le palmier dattier reste toutefois l'élément de base de cette agriculture: Les oasis du Dra sont avant tout des palmeraies et nul arbre n'est mieux adapté aux conditions locales que le palmier.

### IV. Problématique de gestion de l'eau dans le bassin versant de Draa

Le bassin versant de Draa est considérée comme l'une des régions les moins développées du Maroc;

*(....) Taux d'analphabétisme (69,3%), de scolarisation (51%), de couverture sanitaire (1médecin/ 7300hab), de chômage (16.9%) sont alarmants, l'intégration à l'économie nationale est faible et l'extraversion de toutes les formes de vie est de plus en plus accentué. Donc compte alors aujourd'hui plus ce que jamais sur ses ressources hydriques pour non seulement décloisonner les secteurs clés de développement (l'agriculture) mais également pour préserver un espace oasien devenu de plus en plus fragile* (Zainabi & Ouhajou, 2004)

A cette situation s'ajoute le poids de la gestion traditionnelle de l'eau dans la région qui a favorisé l'accès à l'eau pour certains et exclue son usage à d'autres qui se base sur la règle irrévocable, à l'échelle de l'Oued, de la priorité de l'amont sur l'aval qui représentait jusqu'au années 70 une véritable source de conflit intra-communautaire. Situation qu'on pensait pouvoir améliorer, dans le cadre d'une politique nationale de soutien aux régions défavorisées, par la construction du barrage Mansour Eddahbi (1969-72).

Ce dernier avait pour mission de régulariser les eaux de l'Oued Draa, de maitriser les crues et surtout d'assurer une répartition des eaux d'irrigation plus ou moins égales entre les différents secteurs hydrauliques des deux provinces d'Ouarzazate (amont) et de Zagora (aval).

Et voici plus que trente ans sont passés sur ce grand saut technique et financier, sans transition significative en terme de répartition de l'eau de surface destinée à l'irrigation, notamment dans le sous-bassin versant moyen qui en plus de l'inefficience technique et sociale des *séguias*, connait une surexploitation des ressources souterraines de qualité douteuse qui implique deux types de problèmes:

- La salinisation des sols à cause de la forte irrigation avec une eau souterraine de qualité médiocre comme est le cas dans le village de Ouled Yaoub dans la palmeraie de Tinzouline;

- L'assèchement des *khettaras*[9] dans certains espaces oasiens par l'absence de contrôle et d'un plan d'exploitation, donc:

**Comment améliorer l'irrigation des espaces oasiens dans la vallée du Moyen Draa?** Quels sont les facteurs climatiques, socio-économiques et politiques qui influencent la régulation des eaux, du barrage Mansour Eddahbi au niveau du bassin versant de Draa, destinées à l'irrigation? Et à quel point sa gestion est elle cohérente avec les limites physiques et hydrographiques de la vallée de Draa?

### A.     Mobilisation et usage des ressources d'irrigation dans la vallée de Draa

#### 1.     Le système traditionnel

La description du déploiement du système traditionnel d'irrigation « *séguia* » peut être fait sur deux échelles:

- A l'échelle de l'Oued Draa qui a évolué vers un système moderne par la construction du barrage Mansour Eddahbi;
- A l'échelle des *séguias* où le système traditionnel est encore persistant.

---

[9] Définition des Khettaras

Avant la construction du barrage Mansour Eddahbi, la distribution des ressources hydriques se faisait selon l'ultime règle de la priorité de l'amont sur l'aval par laquelle les paysans de l'amont profitaient pleinement de l'écoulement pérenne des Oueds laissant ainsi une faible part d'écoulement de l'Oued Draa pour les paysans de l'aval [10] notamment en périodes de séchersses . Donc on pourrait relever deux éléments problématiques du système traditionnel:

- **Une distorsion spatiale** du rapport ressources besoins du à l'inefficience technique de la *séguia*, canalisation creusée à même le sol et à ciel ouvert, qui a une faible efficacité mobilisatrice notamment au niveau des régions encaissées et qui nécessitait un grand effort d'entretien après les périodes de crues;

- **Une distorsion temporelle** du rapport ressources besoins en eau. Ceci dit que les crues au niveau de l'Oued (en hiver) survenaient à un moment où les besoins en eau d'irrigation sont faibles tandis qu'en été l'eau s'arrêtait de couler au bout des deux premières oasis de l'aval: un décalage entre le calendrier hydrologique et cultural.

A cette situation s'ajoute le régime de propriété de l'eau, comme la terre, qui élargissait davantage l'écart d'accès à l'eau entre l'amont et l'aval selon le système **(Figure 7)** suivant:

- Le système *Melk*: un système largement répondu en aval qui permet de procurer aux parcelles concernées un certain volume d'eau indépendamment de la surface irrigable.

- Le système *Allam*: Système largement répandu en amont qui permet de procurer des volumes d'eau proportionnels aux surfaces cultivées et de manière continue.

---

[10] Ce qui pouvait être à l'origine de grand conflits intertribaux surtout durant les périodes de sécheresses et pouvant parfois être résolu par l'intervention d'un intermédiaire notable comme les « Zaouïa ».

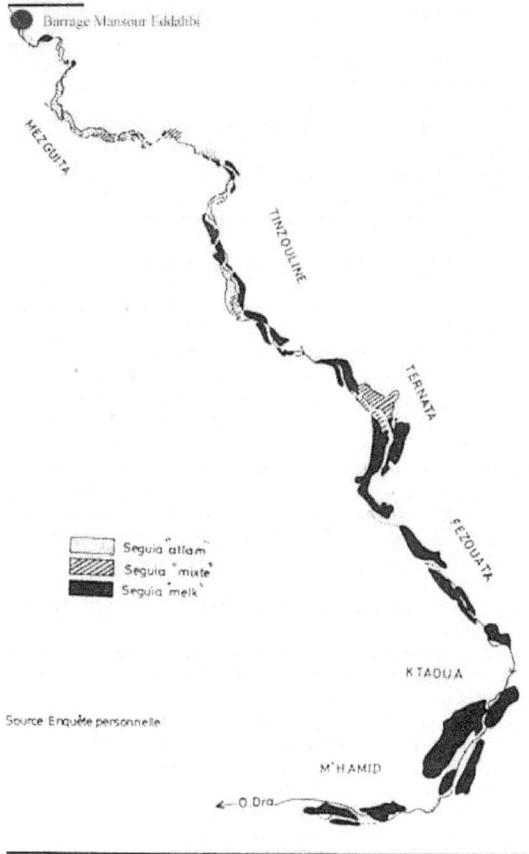

**Figure 7: Schéma de distribution des types de propriété au niveau des six oasis du Moyen Draa,** *Source: (Ouhajou, La gestion de l'eau de l'ordre local à l'ordre régulateur cas de la vallée du Draa Moyen, 1992)*

En plus de cet inégalité marquante à l'échelle de l'Oued s'ajoute une inégalité de distribution des terres et des parts d'eau entre les propriétaires eux même à l'échelle des *séguias*. Il s'agit de pratiques coutumiers basés sur la hiérarchie sociale imposée par la religion, la force ou des moyens économiques, il en résulte une distribution des parts d'eau selon l'ordre suivant:

- Le plus important groupe par ses droits d'eau *Ait Atta* (47.8%);

- Les Instances religieuses, *Zaouïa* et mosquée (33.3%);
- Les *harratines* majoritairement exclus des droits d'eau avec 18%.

Mais il faut aussi dire que l'eau n'a pas toujours été un sujet de discorde dans le cadre du système traditionnel des *séguias*, il était aussi un trait d'union et de solidarité entre les différentes tribus qui partageaient la même *séguia* de façon à ce qu'il organisait des alternances quant à son entretien ou à son exploitation. Ce qui représentait un trait de solidarité intra-communautaire connu dans les pratiques coutumiers du système rurale marocain qu'Ernest Gellner décrivait comme suit:

> (…) *un système divisé en plusieurs parties et les parties sont à leurs tours divisés jusqu'atteindre le niveau de l'unité familiale. Et les parties sont égales au niveau d'une division du système et ne présentent aucune différence en terme socio-économique ou politique (…) cette structure ressemble bien à celle d'un arbre de manière générale dont les branches se divisent en plusieurs branches sans qu'il ait réellement de branche principale car selon l'individu ou la famille tous sont égales, ce qui veut dire que la tension sur un niveau inférieur n'empêchera pas la cohésion sur un niveau supérieur.*

La cohésion au niveau d'un même groupe rendait légitime le droit de revendication des parts d'eau permettant ainsi l'engagement du dialogue entre les différents utilisateurs d'une même *séguia* quitte à conclure des accords à l'amiable. Et c'est là où la communauté tient son rôle élémentaire dans les sociétés traditionnelles: par exemple en cas de fortes sécheresses, la règle de la priorité de l'amont sur l'aval pouvait être transgressée par la médiation d'une haute instance. Mais la construction du barrage Mansour Eddahbi a confisqué à la population le pouvoir de gestion de l'eau de l'Oued ainsi le basculement de tout équilibre d'ordre social.

## 2. Système moderne: Le barrage Mansour Eddahbi

L'équipement hydro-agricole mis en œuvre dans la vallée de Draa joue un rôle clé dans le maintien des activités agricoles puisqu'il est à la base conçu pour faire face à l'irrégularité des précipitations ainsi qu'à celle des sécheresses périodiques précédemment évoquées. En effet le barrage Mansour Eddahbi peut normalement garantir 250 Mm3/an en besoins d'irrigation des palmeraies de l'aval et dont la recharge reste tributaire de la pluviométrie et bien d'autres facteurs d'usage en amont.

Par l'analyse du bilan de recharge du Barrage depuis sa mise en service (**Figure 8**) ainsi qu'en prenant comme exemple le rythme, le débit et la durée des lâchers du barrage entre 1978 et 1983 période de grand stress hydrique, on réalise que tous les types des lâchers ont été tentés en augmentant et/ou diminuant le nombre, la durée et le débit des volumes restitués par le barrage (**Tableau 3**).

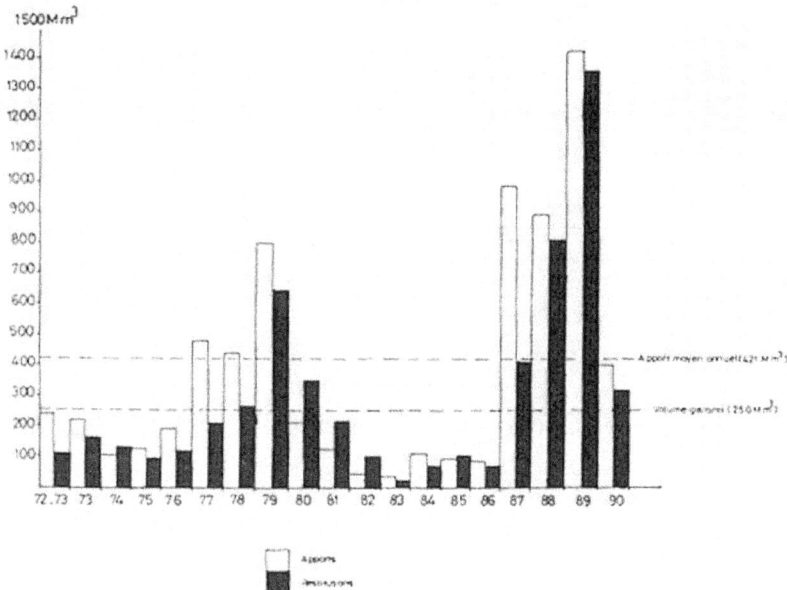

**Figure 8 La régularisation des eaux par le barrage,** *Source (Ouhajou, La gestion de l'eau de l'ordre local à l'ordre régulateur cas de la vallée du Draa Moyen, 1992)*

| Lâcher | Volume restituée | | Lâcher | | Durée | | Mm3/lâcher | Jours/lâcher |
|---|---|---|---|---|---|---|---|---|
| Année | Mm3 | % | Nombre | % | jour | % | | |
| 1978-79 | 221 | 20.8 | 8 | 15.7 | 132 | 23.1 | 27.6 | 16-17 |
| 1979-80 | 291 | 27.3 | 15 | 29.4 | 142 | 24.9 | 19.4 | 9-10 |
| 1980-81 | 270 | 25.3 | 15 | 29.4 | 136 | 23.8 | 18 | 9-10 |
| 1981-82 | 182 | 17.1 | 9 | 17.7 | 102 | 17.9 | 20.2 | 11-12 |
| 1982-83 | 101 | 9.5 | 4 | 7.8 | 59 | 10.3 | 25.2 | 14-15 |
| Total | 1065 | 100 | 51 | 100 | 571 | 100 | 20.9 | 11-12 |

Tableau3 Débit, durée et volume des lâchers (1978-1983), *Source: (Ouhajou, La gestion de l'eau de l'ordre local à l'ordre régulateur cas de la vallée du Draa Moyen, 1992)*

Un rythme qui ne correspond pas à la norme prévue dans l'étude de régularisation des eaux d'irrigation (**Tableau 4**).

| Mois | S | O | N | J | F | M | A | M | J | J | A | Total |
|---|---|---|---|---|---|---|---|---|---|---|---|---|
| Modulation % | 8 | 9 | 8 | 8 | 8 | 9 | 10 | 8 | 8 | 8 | 8 | 100 |

Tableau 4 La norme annuelle d'irrigation, *Source: (Ouhajou, La gestion de l'eau de l'ordre local à l'ordre régulateur cas de la vallée du Draa Moyen, 1992)*

Ce qui représente une gestion tâtonnante inexplicable du nombre des lâchers par le calendrier du barrage dont le rythme annuel reste finalement imprévisible en l'absence d'une distribution propre à un équipement hydro-agricole moderne surtout que l'irrégularité pluviométrique est loin d'être la seule explication à cette situation car d'après le (Tableau 3) il existe aucune corrélation explicable entre la recharge du barrage et le nombre des lâchers.

Et même en supposant que les volumes prévues pour l'irrigation ont été régularisés correctement par le barrage Mansour Eddahbi:

**Quels sont les explications possibles, autres que celle des aléas climatiques de cette désorganisation du nombre de lâchers par le barrage?**

**Est-ce que la mise en eau des « secteurs hydrauliques », qui se fait par l'intermédiaire des réservoirs disponibles au niveau de chaque palmeraie en l'aval (Figure 9) dont la fonction est de bloquer et/ou de dévier les eaux relâchées par le barrage, respecte t-elle en pratique le rapport eau/surface fixé par la norme?**

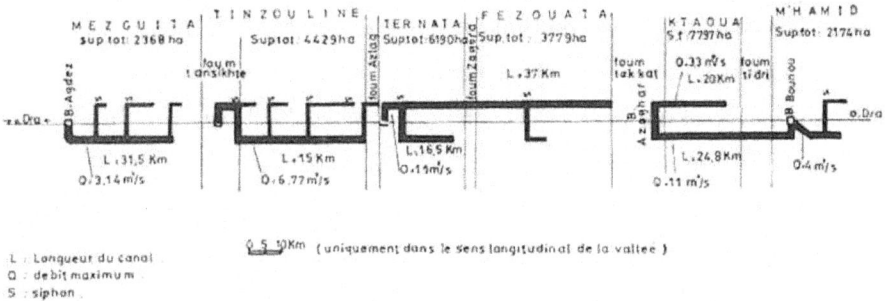

**Figure 9 Schéma de distribution des six réservoires du Moyen Draa,** *Source:(Ouhajou, Espace hydraulique et société au Maroc: cas des systèmes d'irrigation dans la vallée du Dra, 1996)*

Selon Ouhajou grand spécialiste de l'hydraulique dans la vallée de Draa, l'émergence des secteurs touristique et industrielle au même moment que la mise en service du barrage (Début des années 70) a d'une certaine façon influencé les quantités d'eau devant être régularisées pour l'aval, car selon la même source 330 Mm3 ont été destinées en 1977 (moins de 250Mm3 à l'irrigation) au turbinage par l'O.N.E ainsi qu'à la création de grandes complexes touristiques (Golf, piscines..). Même période durant laquelle, le gouvernement exprimait ses intentions de faire des espaces oasiens, un des plus importants pôles touristiques du pays.

Mais malheureusement on n'a pas pu disposer du rythme avec lequel le barrage[11] Mansour Eddahbi a continué la régulation des lâchers des eaux. Alors on a décidé de poursuivre notre réflexion sur ce point par l'analyse d'un certain nombre d'indicateurs comme le cheptel, l'urbanisation, le tourisme puisque l'une des stratégies de développement de ces secteurs serait d'être à proximité des ressources d'eau. Et c'est ce que nous allons continuer à mettre en évidence dans la suite de ce travail.

### 3.  Les systèmes et moyens d'irrigation[12]

**Dans cette partie, on va essayer de donner un premier élément de réponse à la question sur comment s'applique le rapport d'irrigation terre/eau en pratique?**

Dans cet objectif, plus que 280 fermiers ont été interviewé au niveau du Haut et Moyen Draa sur les moyens déployés pour l'irrigation de leurs cultures et dont les résultats sont représentés dans les deux Figures ci-dessous. L'écart dans l'exploitation des eaux de surface pour l'irrigation, entre le Haut (Dadès) et le moyen (Draa), est très important à savoir que les surfaces irrigables sont beaucoup plus importantes au niveau du Moyen Draa (**Figure 11**). Ce résultat est en corrélation avec celui de la **Figure 10** qui démontre que le recours aux eaux souterraines est devenu en aval une voix majeure d'irrigation mais non seulement complémentaire.

---

[11] Des interprétations peuvent être faites sur la base du diagramme (annexe 1) sur les eaux jaugées au niveau des différentes stations en amont (1983-1995), ainsi les eaux stockées par le barrage (1983-2003) mais sans aucune autre indication sur leur restitutions durant les dites périodes.

[12] Quant aux eaux aquifères profondes, elles sont de mauvaise qualité et difficilement accessibles et sont par conséquent de faibles potentialité quand à leur exploitation. Ils se concentrent essentiellement dans la partie Est de l'Oued M'goun à l'Ouest du Haut Draa.

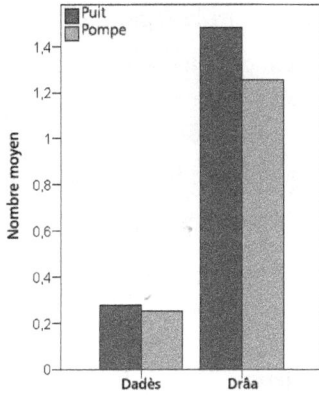

**Figure 10 Nombre de pompes et de puits par fermier,** *Source: (Heidecke, 2000-07), 71p*

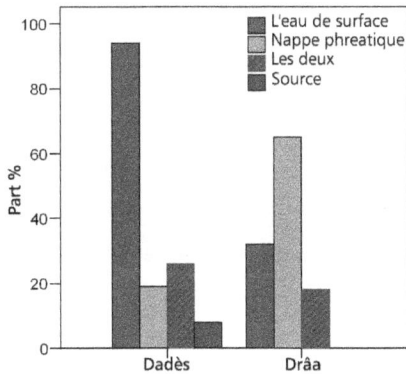

**Figure 11 Source d'irrigation,** *Source: (Heidecke, 2000-07), 71p*

On a également la **Figure 12** qui montre que:

- les communes présentant une proportionnalité entre 0.91 et 1 sont situées parmi les premiers oasis du Moyen Draa et à l'Est comme à l'Ouest du Haut Draa.

- Cette proportionnalité diminue à partir de la troisième palmeraie en aval mais plusieurs communes en amont présentent aussi une faible proportionnalité dans la distribution des eaux.

- La proportionnalité d'irrigation dans la région Sud du Moyen Draa tend presque vers 0 malgré l'importance potentielle en eau souterraine présente dans cette région.

En fin de compte le principe de proportionnalité (0.28-0.83) est très peu respecté dans plus que 50% des communes de la vallée. Ce qui nous amène à interpréter ces résultats particulièrement problématiques comme suit:

**Au niveau de toute la vallée**: l'inefficience du système d'irrigation traditionnel, la *séguia* et l'irrégularité des précipitations.

**Au niveau de la région Sud du Moyen Draa**: la faible proportionnalité d'irrigation peut être du à un manque de moyen de forage ou d'aménagement de puits, l'abondant des terres ou à la mauvaise qualité des eaux dans la région et bien sûr le manque d'eau de surface.

**Au niveau de l'amont**: présente un paradoxe entre ses potentialités en termes d'eau de surface et la proportionnalité eau/surface constatée au centre, ce qui suppose que les eaux de surfaces sont utilisées autrement que par l'irrigation.

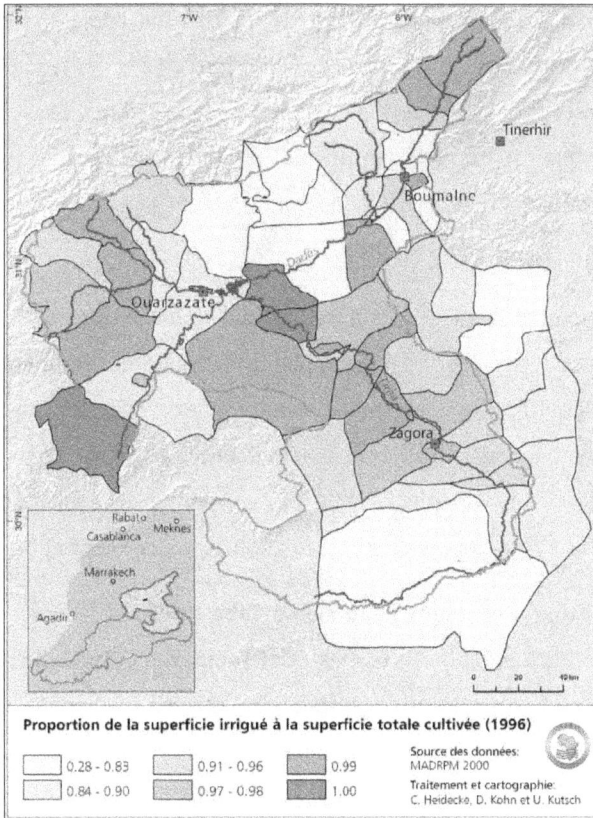

**Figure 12 La proportion des surfaces irriguées au niveau de la vallée de Draa,** *Source:*
*(Heidecke, 2000-07), p71*

Donc par rapport aux éléments apportés jusqu'à présent, voici quelques points
retenus:

- Le barrage a réussi à protéger la population de la vallée contre les crues
  mais pas contre la pénurie puisque la régulation des 250 Mm3/an reste
  difficilement atteinte à cause des sécheresses et/ou difficilement respectée
  par la priorisation d'autres secteurs.

- Certes le barrage a su donner une réponse technique à la mobilisation
  longitudinale de l'eau de surface mais qui reste en fin de compte très peu

efficace par manque d'équipement de distribution latérale, c'est ce que montre la disproportion eau/terre dans la **Figure 12** et par laquelle on note aussi que les quantités d'eau d'irrigation sont beaucoup plus proportionnelles sur les périmètres relativement proches des petits affluents de l'amont ou de l'Oued Draa.

- L'irrigation est en grande partie complétée par les eaux souterraines qui ne sont soumis à aucun contrôle ou encadrement financier des coûts générés par le pompage et dont se plaint la plupart des fermiers ainsi que la portée environnementale d'une surexploitation des nappes phréatiques comme était le cas dans certains « foums », notamment Foum Zguid (à ouest moyen du bassin Draa), qui a conduit à l'assèchement des « Khettaras » traditionnelles à la surexploitation des nappes phréatiques.

**Comment utilise t-on alors l'eau de surface de l'Oued Dadès et de ses affluents sachant que le Dadès est l'affluent de l'Oued Draa le plus important de la vallée et que très peu de surfaces sont irrigués dans les communes qui se situent le long de ses berges ? En rappelant que les périmètres irrigués en aval sont beaucoup plus important par rapport à l'amont pourquoi l'amont continue à concentrer une majorité d'eau de surface du Dadès?**

**B. L'utilisation de l'eau de surface et activité multisectorielle en amont**

### 1. Urbanisation et migration

Afin de retrouver des moyens de subsistance alternatifs à l'agriculture, la migration des régions rurales vers les centres urbanisés de la région s'intensifie de plus en plus dans les deux provinces d'Ouarzazate et de Zagora **(Figure 13)**. Cette migration prend également différentes échelles intra-régional, national voir international car c'est devenue l'une des meilleurs stratégies d'améliorer le revenu des ménages.

L'amont a vu se développer plusieurs centres urbains par rapport à la seule ville de Zagora au niveau du Moyen Draa, ce qui s'inscrit dans une logique de proximité des ressources à savoir que les villes enregistrent toujours un retard important en terme d'infrastructure d'assainissement des eaux usées.

*Par ailleurs, le point le plus important pour le développement économique régional, est l'agglomération d'Ouarzazate et la ville de Tabounit qui avaient enregistré un accroissement annuel de la population de 3,3 % entre 1994 et 2004. Les 74 600 habitants en 2004 représentaient 15 % de la population totale de la province d'Ouarzazate. En plus du développement du secteur du tourisme, l'industrie cinématographique, Ouarzazate étant l'une des villes les plus développées dans cette branche économique sur le continent africain joue un rôle capital dans la création d'emplois (Platt, 2007).*

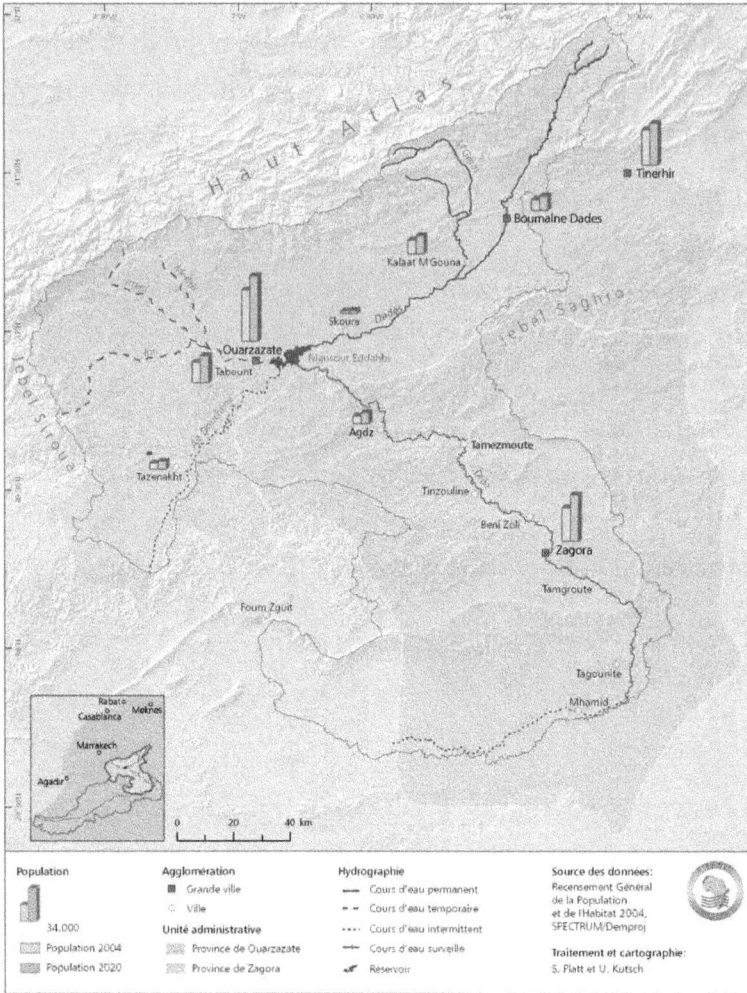

**Figure 13 Recensement général de la population et de l'habitat 2004,** *Source:(Platt, 2007), 62p*

2.      Les ambitions touristiques dans le sous-bassin du Dadès

Selon les déclarations du M.A.T.E.U.H en 2002, le tourisme Figure parmi les orientations majeures du développement des espaces oasiens. Les ambitions nationales[13] par rapport au tourisme ont commencé à se préciser dès 1912 mais elles sont relativement récentes dans les espaces oasiens et montagnards, tel est le cas pour les oasis du Dadès qui ont vu édifier leur première unité hôtelière vers 1972, dans le cadre du soutien que portait le gouvernement marocain pour le développement du milieu rural et de la diversification des activités touristiques, qui connait depuis une forte progression dans la région du Boumalne Dadès.

Car en plus de ses potentialités naturelles en termes de ressources hydriques, elle est dotée d'une grande diversité paysagère et architecturale qui fait d'elle un pôle touristique international. Mais on sait pertinemment que le niveau de consommation des ressources hydriques nécessaire par les différents équipements touristiques (piscines, golfs...etc.) est extrêmement important à savoir que la consommation quotidienne d'un touriste de la région (1013l/jour) dépasse de très loin la consommation moyenne d'un résident (30l/j).

En plus de cette pression sur les ressources en eau, la région connait un retard important en terme d'infrastructure d'assainissement et d'approvisionnement en eau pouvant négativement affecter l'environnent du bassin versant de Draa et de ses exploitants, notamment que toutes les activités se concentrent près de l'Oued Dadès: les unités hôtelières, les parcelles agricoles et les activités agropastorales. Et en comparaison avec les autres affluents du Haut Draa, le sous-bassin du Dadès représente le centre du tourisme au niveau de la province d'Ouarzazate voir de toute la vallée.

---

[13] Dès les années 60, le Maroc s'est doté d'un ensemble de plans de développement du secteur touristique, ainsi d'un certain nombre d'institutions dont celle du 16 juillet 1971 qui vise à développer ce secteur au niveau des différents régions économiques en formant des conseil locaux de tourisme (Bekali, 1997).

On se demande donc comment gérer cet équilibre entre les ambitions grandissantes du tourisme et des besoins d'irrigation à l'échelle du Dadès et du Draa, sachant que plus le nombre des unités touristiques augmente plus la pression sur les ressources hydriques et le risque d'affecter la nappe souterraine augmente aussi. Ce qui fait, de la remise en question de la manière dont se développe le tourisme dans la région, un véritable pivot dans le changement des équilibres hydriques au niveau de toute la vallée.

Actuellement, l'Oued Dadès représente le seul moyen d'approvisionnement en eau des différentes unités touristiques établies le long de l'Oued dont les formes se présentent comme suit: par le réseau de l'office national d'eau potable (40%); par les puits, les *séguias* et l'Oued (40%); les sources (10%); les *séguias* et Oueds (10%). Quant à l'assainissement [14] il se fait au moyen des fosses sceptiques dont la profondeur peut varier entre 3 et 22 mètres. Mais l'application de cette méthode reste limitée dans le temps vue l'incapacité des sols profonds à absorber les eaux usées de manière illimitée et représente ainsi un grand risque de contamination des nappes phréatiques étant la principale source d'écoulement de l'Oued Dadès.

**Avec un tel rythme d'exploitation et déficit des infrastructures sanitaires nécessaires, la situation pourrait empirer par la diminution du débit de l'Oued Dadès représentant une source majeure d'eau de surface à l'échelle de la vallée d'où la nécessité de revoir les plans de développement du tourisme dans la région avec des aménagements plus rationnels qui tiennent compte de la fragilité du bassin versant de Draa.**

---

[14] L'unité effectué par l'Etat afin d'encourager le tourisme en 1972 a été équipée d'une station de traitement des eaux usées qui sont réutilisés par la suite en agriculture mais même cette méthode reste compromise par le fait que la plupart des unités hôtelières ne répondent pas aux exigences suivants: La disponibilité de surfaces suffisantes de manière à éviter la contamination de l'eau claire par l'eau usée; La positionnement des stations d'épuration loin des Oueds ou de tout autre affluent.

3.    Une activité agropastorale concentrée en amont

Les collectivités rurales de la vallée de Draa ont toujours accordé une grande importance à la pratique de l'agriculture ainsi qu'à l'activité agropastorale symbolisée par la hue et la brebis: si l'un des deux est absent le troisième moyen de subsistance serait l'émigration (Montasser, 1992).

Et malgré les conditions climatiques hostiles de la région de Draa, l'élevage occupait jusqu'au années 90 les premiers rangs au niveau national notamment celui des caprins, quant aux bovins la région en détient seulement 2.5%. Le nombre de têtes a connu d'importantes oscillations souvent liée à la pluviométrie et donc à la disponibilité en eau dans la région. La **(Figure 14)** montre que les courbes d'évaluation du nombre de têtes du bétail est tout à fait à l'image de la pluviométrie qui a connu une forte fluctuation interannuelle (Bourbouz, 1977).

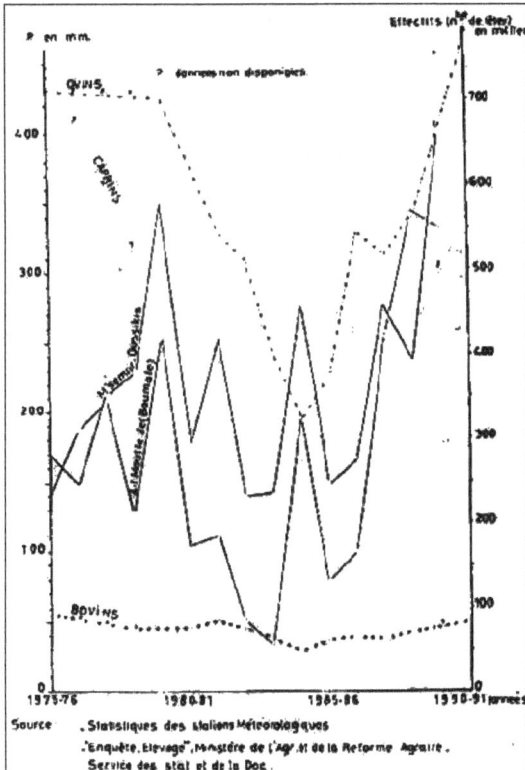

**Figure 14 Données pluviométriques et évolution des effectifs du bétail dans le territoire d'Ouarzazate,** *Source: (Montasser, 1992)*

En effet le bilan de l'élevage varie selon le type de bétail, des précipitations et des efforts fournis par le propriétaire pratiquant au même temps une culture intensive du terrain pour produire plus de fourrage, qui se traduit sur plusieurs secteurs comme suit:

- Dans les secteurs de moyens et basses vallées, la propriété de quelques têtes est considérée comme une ressource complémentaire à l'agriculture ;

- Dans les régions de moyennes montagnes entre 1500 et 2000m, l'élevage et l'agriculture sont plus ou moins équilibrés

- Dans le secteur de haute Montagne, l'élevage occupe une marge importante comme revenu économique principale.

Ces distributions rejoignent en effet les résultats représentés dans la **Figure 15**. A priori l'élevage représente une activité économique incontournable dans la région de haute montagne par rapport à l'irrigation mais au même temps reste confronté à des difficultés majeures posées par la rareté des points d'eau dans les zones de parcours car l'approvisionnement en eau potable par les besoins domestiques et l'abreuvement des animaux contraignent les pasteurs à parcourir de longues distances et cela va de soi, les dépenses émergeantes une fois de plus ne sont nullement négligeables, tout en tenant compte de l'implication qu'ont ces déplacements sur la dégradation des sols du à l'érosion. Il faut donc tenir compte de la corrélation existante entre la production globale et les conditions du milieu, la clémence du ciel et l'organisation des hommes qui reste décisive: il s'agit de pallier le manque d'aménagements nécessaires à supporter l'élevage dans ces zones hostiles, ainsi des pâturages, des parcours et des points d'eau devraient être mise au point de manière à atténuer les conflits intertribaux sur l'eau (Montasser, 1992).

Par rapport à l'activité agro-pastorale on réalise une fois de plus, l'impertinence du maintien d'un équipement hydraulique moderne (Barrage Mansour Eddahbi) incapable de combler le vide généré par l'irrégularité des ressources du milieu car il faudrait assurer une meilleur vulgarisation des techniques modernes en matière d'élevage, régler les litiges intertribaux et sensibiliser les populations locales nomades ou sédentaires à la fragilité environnementale du milieu.

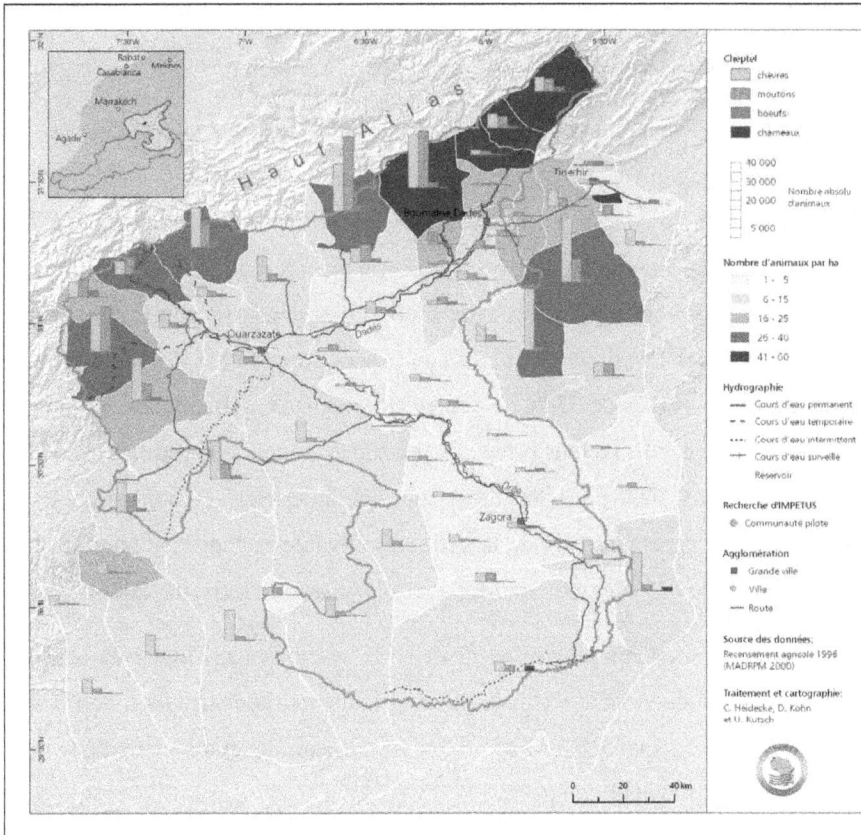

**Figure 15 Niveau de développement des activités agropastorales dans la vallée de Draa (1996),**
*Source:(Heidecke & Roth, Effets de la sécheresse sur l'élevage, 2'000-07), 65p*

L'intensité avec laquelle se développent la ville, le tourisme et le cheptel semble justifier en partie le problème que connait le recul de l'irrigation dans certaines régions de la vallée, notamment celle qui dépend des ressources en eau de surface. Comment est comblé ce vide ? Comment s'organise la société civile de la vallée de Draa ? Quel est donc le rôle de l'Etat espéré par rapport à cette situation ?

V.   Les stratégies politiques de gestion décentralisée de l'eau et perspectives d'adaptation

A.   Stratégies politiques

1.   Décentralisation de gestion des ressources hydriques et désengagement

**Dès les années 60**, le Maroc a axé sa politique de l'eau sur la construction des barrages dans toutes les régions du pays et a réussi ainsi à mobiliser jusqu'à présent 69% des eaux de surfaces et 67% des eaux souterraines, ainsi il a atteint aujourd'hui son objectif d'irriguer 1 million d'hectares concernant près de 68% des périmètres de grande hydraulique et près de 33 % de petites et moyennes hydrauliques; en plus de 400000 ha réalisés par le secteur privé. Au niveau national, l'irrigation consomme près de 70% contre 16% pour les deux secteurs industriels et domestiques. La superficie irriguée représente 10% de la surface cultivable et contribue pour 45% de la valeur ajouté et de 65% des exportations agricoles (Brun & Lasserre, 2006).

Afin d'assurer une meilleur gestion de l'eau et de ses revenus, l'Etat créa en 1966 l'ORMVA pour l'encadrement technique des agriculteurs, la distribution de l'eau et la gestion des aménagements hydro-agricoles, ce qui était devenu systématique pour assurer la sécurité alimentaire du pays.

Et c'est à partir de 1980 que sera mise en œuvre les politiques d'ajustement structurel et le début du désengagement de l'Etat dans le domaine de l'irrigation en se limitant à la fonction de gestion des réseaux de distribution de l'eau. Ce qui est synonyme du début de la privatisation du secteur agricole où chacun prend la responsabilité de se procurer l'équipement nécessaire pour l'irrigation de ses parcelles.

En adoptant la loi 10/95 en 1995, le Maroc décentralise la gestion de l'eau de la seule compétence du Ministère de l'équipement vers les Agences des bassins versants par le biais de la Direction générale de l'Hydraulique (DGH) dans une vision de gestion intégrée des ressources par bassin versant qui fait de ce dernier un facteur de développement dans une approche intersectorielle : Raison pour laquelle les onze ministères ont été représentés au niveau du conseil d'administration de chaque DGH.

**Aujourd'hui l'Etat ne porte aucun soutien financier et technique à l'irrigation, autre que celui du contrôle et stockage des eaux de surface par l'intermédiaire du barrage Mansour Eddahbi. Ainsi on souligne une multiplication des institutions étatiques au niveau local (ORMVA, DGH) dont l'efficacité reste limitée en l'absence d'un cadre institutionnel global qui assure la coordination de toutes les parties concernées.**

### 2.    Les acteurs impliqués: multiplicité et inefficacité

La réforme réductrice des fonctions multiples du système antérieur (ORMVA), qui du moins soutenait les agriculteurs, assurait la distribution de l'eau, ainsi la commercialisation de leur produits, pose aujourd'hui de grands problèmes au niveau local et ce malgré la décentralisation assurée par les DGH et la mise en place d'une approche participative, par la création des (AUEA). En 2004, on chiffrait de 490 le nombre d'associations d'usagers des eaux agricoles (AUEA) dont la majorité s'est déployée au niveau du Moyen Draa et qui, à cause de la limitation de leur rôle décisionnel et du manque de leurs moyens d'intervention, n'arrive pas à atteindre l'objectif d'une gestion collective des eaux d'irrigation sur le plan local sachant que seuls les agriculteurs qui ont une certaine autonomie financière arrivent à maintenir l'irrigation de leurs parcelles notamment pour l'usage des eaux souterraines. Tandis que les obstacles financiers et techniques sont plus importantes au niveau de la petite et moyenne hydraulique. Du fait de cette incapacité de l'Etat à contenir le développement du monde rural dans la région du bassin versant de Draa, la région a vu naitre de plus en plus d'ONG qui ont pris partiellement le relais dans certains domaines comme l'Education, l'approvisionnement en eau dont la portée reste très limitée.

> *« La région a vu naitre un mouvement associatif moderne et diversifié, composé d'organisations non gouvernementales (ONG),*

*œuvrant dans des domaines diversifiés, à des niveaux différents et selon des démarches souvent novatrices pour apporter des réponses collectives à une dégradation croissante des conditions de vie et à des besoins urgents en matière de santé, d'infrastructure, de formation et de génération de revenus.*

*Mais souvent les associations locales se trouvent souvent dans des situations très complexes et parfois paradoxales: travailler d'une manière indépendante et isolée, se transformer en un bras d'exécution des programmes et des choix de l'administration ou essayer de trouver un équilibre relationnel avec le risque d'être absorbé par l'administration et ses systèmes. Aussi les actions entreprises en commun dépendent alors d'un certain nombre d'éléments tel que la lourdeur des procédures administratives, la rigueur de la loi des finances, le retard dans le déblocage des fonds, la faible motivation du personnel administratif et la prédominance des considérations politiques dans des choix des administrations* (Zainabi & Ouhajou, 2004).

**Sans facilitation des tâches administratives et requalification du rôle des institutions régionales, l'apport de la coopération internationale pour le développement du secteur hydraulique ou autre dans la vallée, sera très peu efficient.**

**Ainsi l'Etat devrait revoir ses objectifs quand à la construction du barrage Mansour Eddahbi tout en prenant en considération la fragilité environnementale et les conditions socio-économiques des oasis de la vallée de Draa.**

3.    L'importance d'instaurer une réforme globale

*« Les tensions internes liées à l'accès à l'eau sont latentes risquent de s'aggraver dans l'avenir, compte tenu de l'augmentation des coûts élevé des investissements nécessaires pour mobiliser des ressources difficilement accessibles ou non conventionnelles. Ces raisons sont suffisantes pour considérer le secteur de l'eau comme un enjeu politique économique et social considérable. Lorsqu'on y ajoute le recul probable du financement public, la permanence d'un stress hydrique consécutif aux caprices des précipitations, les impératifs de l'aménagement du territoire, l'évolution annoncée de la démocratie locale et les exigences d'un développement durable, on admet facilement que le maintien des pratiques et du mode d'administration actuel du secteur ne peuvent qu'hypothéquer davantage encore son avenir »* (Balafrej, 2000).

Face aux contraintes bioclimatiques, démographiques et socio-économiques, le Maroc doit maintenir une gestion efficace des ressources hydriques de plus en plus rares par la mise en œuvre des techniques d'économie d'eau et le développement de ressources alternatives tel que le dessalement ou le recyclage, ainsi le respect d'une priorisation d'usage d'eau adaptée aux moyens hydriques de chaque bassin versant.

Mais l'écart entre les régions du pays, parfois extrêmement important, soit en terme de ressources hydriques, de développement ou d'infrastructures, interroge aujourd'hui la nécessité de mettre en œuvre des instruments *juridiques et institutionnels visant à promouvoir une gestion participative des ressources en eau au niveau local,* ce qui a amené l'Etat à créer en l'an 2000 le programme d'amélioration de la grande irrigation (PAGI) qui vise à soutenir la grande hydraulique, d'améliorer leur productivité de manière durable par le biais des offices régionaux de mise en valeur agricole (ORMVA) qui devrait être accompagnés par une révision des ses institutions. Et c'est dans le cadre de la stratégie nationale de la gestion des ressources hydriques que plusieurs incitations par les pouvoirs publics ont été lancé dans le cadre d'économie d'eau (comme le goûte à goûte) avec des subventions de 30% pour l'investissement inférieur à 2 millions de Dirhams par le fond de développement agricole. Mais toutes ces opérations restent très divisées, discontinue et non inscrite dans un cadre global plus cohérent.

B.    Perspectives d'adaptation

1.    Accroitre l'efficacité de l'équipement hydraulique

L'agriculture accapare à elle seule 80% des prélèvements hydriques dans le bassin versant de Draa et il est fort probable que cette situation perdure, voir augmente en l'absence quasi-totale de l'agriculture pluviale et la nécessité d'étendre la surface des terres cultivables pour l'amélioration de production et dépasser le seuil d'autoconsommation. Dans une telle situation, une remise en question de l'efficience des eaux d'irrigation est primordiale.

Selon de nombreux observateurs le volume d'eau effectivement prélevé par les racines dans l'irrigation par gravité ne dépasse pas 45 à 50 % car l'eau est souvent perdue par infiltration ou évaporation (Lassere & Decroix, 2003). Donc le rendement pourrait passablement être amélioré s'il on pense à mettre e place une irrigation par intermittence dont l'efficacité est supérieur à 60% ou encore la technique du goûte à goûte, mais plus la performance augmente plus le coût de l'équipement augmente. Ainsi les paysans sont confrontés dans les pays en développement à la rareté de l'eau doublé d'une inefficacité de la technique hydraulique ayant une production très faible.

A ces aspects techniques s'ajoute aussi la prise en considération des types de plantations dont la rentabilité socio-économique devrait être plus globalisée dans le secteur agricole par le choix d'espèces plus adaptées au milieu et moins consommatrice en eau.

Cette réflexion sur l'efficacité de l'irrigation et le type de plantation devrait se faire de ont à priori indispensables pour mieux gérer les ressources disponibles en eau de surface et éviter au mieux la surexploitation des eaux souterraines.

Est-ce que l'état ne devrait pas à nouveau soutenir le développement des techniques d'irrigation par des subventions pour employer la population locale, fixer l'exode rurale vers les villes et surtout maintenir les espaces oasiens ? Le maintien des espaces oasien n'est- il pas au même temps un moyen de développement de l'écotourisme ?

Pour cette raison qu'une recherche sur le paysage et l'équilibre écologique des oasis mérite d'être menée dans la région de Draa.

### 2. Gestion du sol et aménagement du territoire

La protection des sols contre l'érosion et la dégradation nécessite une prise de conscience des facteurs naturels et anthropiques qui en sont la cause comme:

- La brutalité des précipitations et des ruissellements qui impliquent une érosion progressive des terrasses cultivées sur les berges de l'Oued sachant que l'érosion latérale et plus importante que l'érosion linéaire.

- Les vents de Chergui qui provoquent des ensablements non seulement de surfaces cultivables, mais même des canalisations d'eau.

- Le pâturage et l'irrigation qui ne sont accompagnés ni d'un système de drainage ni par un contrôle de l'exploitation des eaux souterraines : cette situation est problématique pour les barrages dont la capacité totale diminue d'environ 13% par an à cause *de l'envasement progressif des retenues* (Stoffel, 2002).

- La faible compensation de l'appauvrissement des sols par des campagnes de fertilisation.

La gestion du sol est une mesure qui devrait accompagner voir devenir une partie intégrante de la gestion de l'eau pour deux considérations essentielles: le sol est un facteur de production qu'il va falloir préserver au même temps que l'eau; le sol est un facteur important pour la stabilité de l'espace oasien. Une tension entre les deux facteurs l'eau et le sol peut limiter l'un par rapport à l'autre.

Comme par exemple les crues de l'Oued qui mettent en danger chaque année les récoltes investis le long des berges par les agriculteurs. Cette situation est le résultat d'une exploitation traditionnelle mal maitrisée, ainsi qu'une forte concurrence sur les territoires situés près des berges de l'Oued qui devrait faire l'objet d'un réaménagement respectueux du milieu physique de l'Oued de Draa et celles des surfaces irriguées.

Au même temps la concentration des terres agricoles, situées actuellement tout au long des berges de l'Oued, traduit l'incapacité du système traditionnelle d'irrigation des *séguias* à répondre aux besoins d'expansion des terres de manière latérale. Et plus les parcelles se situent loin des berges plus la capacité mobilisatrice des *séguias* devient faible, ainsi les sols dénudés mal desservi par les *séguias,* sont de plus en plus dominées par les processus de désertification.

Donc l'intervention de l'Homme par l'irrigation et le fort potentiel offert par les palmiers contre l'évaporation, sont très importants pour la protection des sols dans les oasis de la vallée.

## VI.  Conclusion

Les espaces oasiens témoignent de la dualité qu'à toujours mené l'Homme contre les aléas climatiques dans la vallée de Draa par une forte adaptation aux limites des ressources disponibles en accumulant tout un savoir pour la mobilisation des eaux de surface grâce aux techniques des *séguias*. Mais aujourd'hui cette technique s'avère inefficiente (infiltration, évaporation..) et incapable de répondre aux besoins grandissantes de l'agriculture oasienne notamment qu'elle ne peut pas stocker l'eau en prévision aux périodes de pénurie. A cette inefficience technique s'ajoute le poids de la gestion sociale de l'eau entre les différents utilisateurs de l'*Oued* et ceux d'une même *séguia* qui n'assure pas une répartition équilibrée face à l'irrégularité pluviométrique.

D'où l'intérêt de construire un équipement hydro-agricole moderne qui en principe devrait combler le vide généré par la société traditionnelle dans la gestion de l'eau d'irrigation, un des moyens majeurs du maintien des espaces oasiens et qui procure ainsi à la population rurale (plus que 70%) les moyens de subsistance et limite l'immigration forcée vers les pôles urbains pour soutenir les familles restées au village.

Cet objectif sera difficilement atteignable si des changements dans la répartition des eaux de surface ne sont pas opérés dans les différentes communes de la vallée qui nécessitent idéalement, en plus de l'équipement moderne des Oueds, le remplacement des techniques des *séguias* par une réseau de tuyauterie moderne pour desservir les différents secteurs hydrauliques aussi bien en amont qu'en aval évitant ainsi une perte considérable d'eau de surface en limitant l'évaporation, l'infiltration et l'ensablement des canalisations (*Séguias*).

Mais cette modernisation n'aura aucun sens sans la priorisation de l'irrigation qui est une opération continue dans le temps et qui nécessite par conséquent une régulation plus ou moins fixe par le barrage des eaux de surface vers le Moyen Draa, faute de quoi une exploitation non contrôlée des eaux souterraines pourraient générer une dégradation de qualité du sol et surtout des frais de forages des puits insupportables par la majorité des paysans.

Il est certes que la province d'Ouarzazate concentre un ensemble de secteurs d'activités économiquement plus rentables par rapport à l'agriculture comme le tourisme mais ses besoins grandissants et la manière avec laquelle il se développe, ne tient pas compte de la fragilité du milieu et de ses ressources hydrauliques. Donc un développement de ressources économiques alternatives comme l'écotourisme pourrait probablement être une bonne voie pour maintenir l'équilibre hydrique globale du bassin versant de Draa.

En outre le maintient du oasis, par l'augmentation de l'irrigation au profit d'autres secteurs, est un véritable pivot dans le développement socio-économique de toute la vallée de Draa qui devrait être accompagnée d'une protection de dégradation et de pollution des eaux souterraines par une meilleurs infrastructure d'assainissement et de drainage.

Mais toute cette ingéniosité technique devrait être contenue dans un cadre administratif et juridique en adéquation avec les besoins d'un bassin versant évitant les déséquilibres intra-provinciaux.

## VII.  Abréviations et acronymes

**A.U.E.A :** Association des usagers des eaux agricoles

**DGH: Direction générale de l'hydraulique**

**HSEM: Le Haut secrétariat de l'eau au Maroc**

**HCP**: Haut commissariat au plan

**M.A.T.E.U.H**: Ministère de l'aménagement du territoire, de l'environnement, de l'urbanisme et de l'Habitat

**O.R.M.V.A**: Office régionale de la mise en valeur agricole

**O.N,E**: Office nationale de l'électricité

## VIII. Bibliographie

Agoussine, M., & Bouchaou, L. (2004). *Les problèmes majeurs de la gestion l'eau au Maroc*. Montrouge: Libbey-Eurotext.

Anctill, F. (2008). *L'eau et ses enjeux*. Bruxelles: De Boeck.

BAD. (1993). *Politique sectorielle de l'eau et de l'assainissement*. Abidjan: Banque Africaine de développement .

Baechler, J. (2002). *L'eau: enjeux et coflits*. Genève: CRES.

Balafrej, R. (2000, Novembre 20-22). Une bonne lecture de la loi pour une véritable gestion de la ressource. *Les politiques de l'eau et la sécurité alimentaire du Maroc à l'aube du XXI° siècle: 1° partie* , pp. 151-165.

Bédoucha, G. (2000, no. 155-156). Libertés coutumières et pouvoir centrales: l'enjeu du droit de l'eau dans les oasis du Maghreb. *Etudes rurales* , pp. 117-141.

BenMohammadi, L. (1995 Thèse). *Désertification et ensablement dans la vallée moyenne du Dra : étude géomorphologique des formations dunaires (sud marocain)*. Grenoble: Université de Grenoble.

Boiscuvier, E. (2001). *Gestion de l'eau et développement économique au Sud de la méditéranée*. Aix-en-Provence: Centre d'économie régionale, de l'emploi et des firmes internationales.

Bouguera, M. L. (2003). *Les batailles de l'eau : pour un bien commun de l'humanité*. Paris: Les Editions de l'Atelier.

Bouguerra, M. L. (2006). *Water and threat* . London: Zed Books.

Bourbouz, A. (1977, Décembre). La production ovine du Haut Atlas central. *Homme, Terre et Eaux* , pp. 63-72.

Bouteyre Guy, L. J.-Y. (1992). Sols salés, eaux saumêtres, des régions arides tropicales et méditéranéenne. Dans COLLECTIF, *L'aidité: Une contrainte au développement, caractérisation, réponses biologiques, stratégies de sociétés* (pp. 69-79). Paris: ORSTOM.

Bouzidi, A. (2004, Juin 11-12). La dégradation environnementale dans l'Oasis de Draa selon les écrits locaux. *L'environnement au Maroc: Des données historiques et perspectives de développement, le cas de la zone de Draa* , pp. 76-101.

Bouzidi, A. (1996, Décembre 12-11-10). Les questions de distribution de l'eau dans l'oasis de Draa (selon les documents locaux). *Publications de la faculté des lettres et des sciences humaines Hassan II Ain Chok, série des forum n°11* , pp. 79-91.

Brigitte, C., & Françoise, D. (1977-2000). L'eau dans les milieux arides et semi-arides. *Géographies, n°1* , pp. 3-60.

Brun, A., & Lasserre, F. (2006). *Politiques de l'eau: grands principes et réalités locales.* Québéc: Presses de l'université du Québéc.

Busche, H. (2000-07). Le réservoir Mansour Eddahbi et ses affluents. Dans Collectif, *Impetus Atlas Maroc* (p. 48). Cologne: Institut für Geophysik und Meteorologie der Universität Köln.

Busche, H. (2000-07). L'hydrologie du bassin du Drâa. Dans Collectif, *Impetus Atlas Maroc* (p. 43). Cologne: Institut für Geophysik und Meteorologie der Universität Köln.

Charles, R. (1999, no. 4). L'eau de l'agriculture: pourra-t-on éviter une crise? *Cahiers d'études et recherches francophones* , pp. 295-300.

Chevassu, J.-M., & Georges, P. (1989). *Investissements Publics dans l'hydraulique et gestion de conflits pour l'accés à l'eau: Le cas du Maroc.* Université d'Aix-Marseille III.

Decroisx, L. (2003). *L'eau dans tous ses états. Chine, australie, Sénégal, Etats Unies, Mexique, Moyen orient.*. Paris: L'Hramattan.

Françoise, D. (77-2000, no. 1). L'eau des les milieux arides et semi-arides. *Géographies* , pp. 3-60.

Gélard, J.-P. (2006). L'eau, source de vie, source de conflits. *15 ème carrefour "Le Monde diplomatique", "Carrefours de la pensée", 11 au 13 mars* (p. 283). Rennes: Presses universitaires de Rennes.

Gellner, E. (1985). Le pouvoir politique et la fonction religieuse dans les campagnes marocaines (en arabe). *Magazine de la faculté des lettres et des scineves humaines à Rabat* , pp. 171-191.

Guy, M. (2001). Les nouvelles politiques de l'eau: enjeux, urbain, ruraux, régionaux. *Presses universiataires de France* , pp. P243-478.

Hajji, A. (2000, Novembre 20-22). Secteur de l'eau au Maroc : bilan et perspectives. *La politique de l'eau et la sécurité alimentaire du Maroc à l'aube du XXI siècle, 1° partie* , pp. 123-141.

Hediger, W. (2003, no. 3). Alternative policy measures and farmer's participation to improve rural landscapes and water quality: a conceptual framework. *Schweizerische Zeitschrift fur Vlokwirtschat uned Statistik* , pp. p. 333-350.

Heidecke, C. (2000-07). Irrigation dans la région du Drâa en 2005. Dans Collectif, *Impetus Atlas Maroc* (p. 71). Cologne: Institut für Geophysik und Meteorologie der Universität Köln.

Heidecke, C., & Roth, A. (2'000-07). Effets de la sécheresse sur l'élevage. Dans Collectif, *Impetus Atlas Maroc* (p. 65). Cologne: Institut für Geophysik und Meteorologie der Universität Köln.

Ichane, M. (1998). Questionnement sur le rôle de la connaisance géographique dans l'aménagement des bassins hydrographiques. *Bassins versants au Maroc et problématique d'aménagement, 7ème rencontre des géomorphologues marocains* (pp. 147-153). Mohammadia : Publications de la Faculté des lettres et des sciences humaines, Université Hassn II- Mohammadia,.

Ingo, H. (Réalisateur). (2007). *Le désert en marche: le sud de l'europe à sec* [Film].

Jaubert, R. (2005). De la question de l'eau à la crise "crise mondiale de l'eau", consensus et principes d'action. Dans COLLECTIF, *L'eau: Quelles crises dans les régions à fortes contraintes?* (p. 6). BARNEOUD.

Jellouli, D. (1996, Novembre 12-13-14). La corréalation entre stratification sociale et la propriété foncière dans la vallée de Draa (en arabe). *Le bassin du Draa carrefour civilisationnel et espace de culture et de creation* , pp. 285-311.

Kirscht, H., & Schulz, O. (2000-07). Maroc. Dans Collectif, *Impetus Atlas Maroc* (p. 6). Cologne: Institut für Geophysik und Meteorologie der Universität Köln.

Klose, A. (2000-07). Propriétés du sol dans le bassin du Draa. Dans Collectif, *Impetus Atlas Maroc* (p. 36). Cologne: Institut für Geophysik und Meteorologie der Universität Köln.

Lassere, F., & Decroix, L. (2003). *Eaux et territoires: tensions, coopérations et géopolitique de l'eau.* Paris: L'Harmattan.

Lecompte, J. (1998). *L'eau: usages et conflits d'usages.* Paris: Presses universiataires de France.

Margat, J. (2008). *L'eau des Méditerranèens : situation et perspectives.* Paris: L'Harmattan.

Marié, M., Larcena, D., & Gélard, P. (1999). *Cultures, usages et straégies de l'eau en Méditéranée occidentale: tensions , conflits et régulations.* Montréal: L'Harmattan.

Montasser, E. (1992, Novembre 12-13-14). L'élevege dans le territoire d'Ourzazate. *Le bassin du Draa: Carrefour civilistionnel et espace de culture et de creation* , pp. 13-31.

Mutin, G. (2000). *De l'eau pour tous?* Paris: La documentation française.

Mutin, G. (2000). *L'eau dans le monde arabe : enjeux et conflits.* Paris: Ellipses.

Nassiri, M. (1990). *Les montagnes marocaines: leurs centralité, mariginalité et développement.* Rabat.

Ouhajou, L. (1996). *Espace hydraulique et société au Maroc : cas des systèmes d'irrigation dans la vallée du Dra.* Agadir: Université Ibn Zohr, Faculté des lettres et des sciences humaines.

Ouhajou, L. (1992, Novembre 12-13-14). La gestion de l'eau de l'ordre local à l'ordre régulateur cas de la vallée du Draa Moyen. *La bassin de Draa Carrefour civilisationnel et de espace de culture et de création* , pp. 35-59.

Patrice, C. (2006). *La maitrise de l'eau en al-Andalus: paysages, pratiques et techniques* . Madrid: Casa de Velazquez.

Plantey, J. (1999). *Service public de l'eau et développement durable.* Aix-en-Provence: Université d'Aix-en-Provence III Centre d'économie régionale.

Platt, S. (2007). Développement des régions urbanisées dans les provinces d'Ourzazate et de Zagora. *Impetus Atlas du Maroc* , pp. 25-26.

Puech, D. (1999). *Vers un développement durable au sens fort : la nécessité d'une approche partype de ressource naturelle: le cas de la getsion de l'eau.* Aix-en-Provence: Université d'Aix-Marseille III Centre d'économie régionale.

Roose, E. (2004). Evolution historique des stratégies de lutte antiérosive: vers la gestion conservatoire de l'eau, de la biomasse et de la fertilité des sols (GCES). *Sécheresse, n°1, vol.15* , pp. p. 9-18.

Serageldin, I. (1996, no. 8). Comment résoudre la crise de l'eau. *Notre planète* , pp. 4-7.

Stoffel, M. (2002). *Montagne et plaines: adversaires ou partenaires?: exemple du Haut Atlas Maroc.* Fribourg: Atlas2002, Département de géosciences géographie, Univ. de Fribourg, cop.2002.

Tazi Sadeq, H. (2002, no. 55-56-57). L'incontournable question de l'eau. *Liaison énergie-francophonie* , pp. 150-160.

Ward, D. R. (2003). *Obsession de l'eau: Sécheresse, inondations: gérer les extrêmes.* Paris: Ed. Autrement.

Zainabi, A., & Ouhajou, L. (2004). Portée et limite d'une partcipation citoyenne au développement. *Séries des conférences et de séminaires n°9, l'environnement au Maroc: données historiques et perspectives de développemnt, cas de la région Dra.* Zagora: L'Institut royal de la culture amazigh, centre des études historiques et environnementales.

www.hcp.ma/Profil.aspx, Consulté le Juillet 9, 2009, sur site web recensement général de la population et de l'Habitat 2004.

www.water.gov.ma/01presentation/17draa.htm, Consulté le Juillet 2, 2009, sur site les ressources hydriques.

www.glowa.org/eng/conference_eng/pdf_eng/impetus/vortraege/IMP%2009_lahmou ribouaicha_morocco_260808_final.pdf, Gestion intégrée des ressources en eau au Maroc, Consulté le Mars 28, 2009.

**ANNEXE 1,** (Busche, Le réservoir Mansour Eddahbi et ses affluents, 2000-07), *48p*

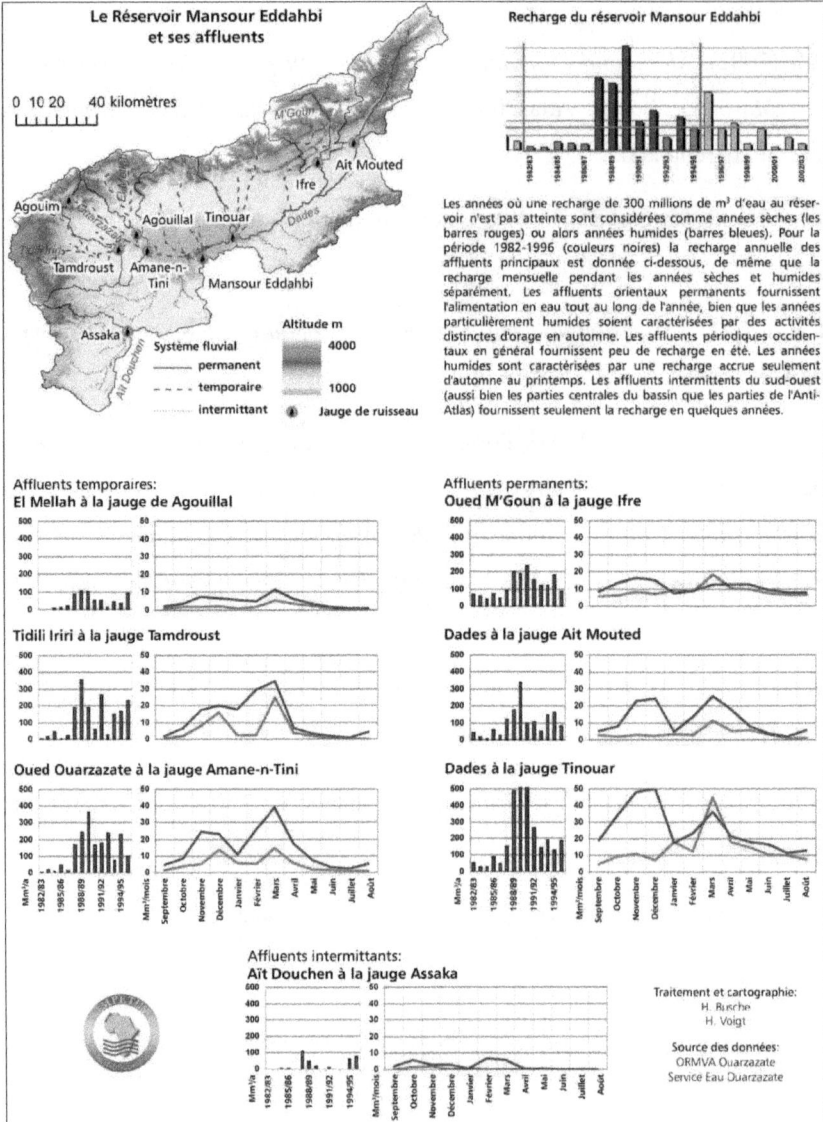

www.ingramcontent.com/pod-product-compliance
Lightning Source LLC
Chambersburg PA
CBHW020317220326
41598CB00017BA/1584